图形感知能力有效提升

天才数学秘籍

〔日〕山口荣一 著　卓扬 译

动手折纸，动脑
思考，破解平面
图形问题

适用于小学
全年段

山东人民出版社

国家一级出版社 全国百佳图书出版单位

图书在版编目（CIP）数据

天才数学秘籍. 动手折纸，动脑思考，破解平面图形
问题 / （日）山口荣一著 ；卓扬译. -- 济南 ：山东人
民出版社，2022.11
　　ISBN 978-7-209-14029-4

　　Ⅰ．①天… Ⅱ．①山… ②卓… Ⅲ．①数学—少儿读物 Ⅳ．①O1-49

中国版本图书馆CIP数据核字(2022)第174478号

山东省版权局著作权合同登记号 图字：15-2022-146

天才数学秘籍·动手折纸，动脑思考，破解平面图形问题
TIANCAI SHUXUE MIJI DONGSHOU ZHEZHI，DONGNAO SIKAO，POJIE PINGMIAN TUXING WENTI
[日] 山口荣一 著 　 卓扬 译

主管单位	山东出版传媒股份有限公司
出版发行	山东人民出版社
出 版 人	胡长青
社　　址	济南市市中区舜耕路517号
邮　　编	250003
电　　话	总编室 (0531) 82098914
	市场部 (0531) 82098027
网　　址	http://www.sd-book.com.cn
印　　装	固安兰星球彩色印刷有限公司
经　　销	新华书店
规　　格	24开（182mm×210mm）
印　　张	5.25
字　　数	23千字
版　　次	2022年11月第1版
印　　次	2022年11月第1次
ISBN	978-7-209-14029-4
定　　价	380.00元（全10册）

如有印装质量问题，请与出版社总编室联系调换。

目 录

· ·

致本书读者

■ 重要的不是"死记硬背"，而是"理解"

会感慨"数学好难啊"的孩子，往往会有这样的共同点：越是想记住、背牢解题方法，越是在考试时脑中空白、束手无策。数学，可不是靠死记硬背就能成的科目。但是在现实的教学中，许多学生还是选择直接背诵公式和解题方法，而对其内涵"知其然而不知其所以然"。

遗憾的是，简单的背诵带来的往往是快速的遗忘。为了记住公式和解法，学生需要反复背诵记忆，这又渐渐引起他们对数学的反感。想要避免这种恶性循环，方法只有一个：不去死记硬背，而是尝试理解。真正理解透彻的知识点，你永远都不会忘记。

越弱越背，越背越烦。显然，从长远上看，应该优先考虑"理解"这件事。

■ 动动手动动脑，创造"数学思维"

那么问题来了，我们能为"理解"做哪些准备呢？

你知道吗？"理解"这件事还需要身体方面的感知。比如说，一件想破头都想不明白的事，可能试着动动手就能获得"原来如此！"的醒悟。观察一圈身边的事物，折一折、剪一剪就能变化出各种形状的折纸、剪纸，就是非常合适的教学材料啦。

当然，如果只是单纯地重复折纸，并不能提高数学能力。重要的是，要把"折纸"体验与"数学语言"结合起来。

打个比方，将一张"正方形"的纸进行对角折后，可以得到"等腰直角三角形"。带着这样的数学思维进行折纸，图形的概念自然而然就会入脑了。此外，在涉及面积、角度、分数乘法、比等知识点时，通过折纸的方式，还会给学生带来茅塞顿开的领悟。

从一张朴素的"正方形"出发，通过折纸逐渐变幻出多种多样的形态，我们可以把它看作是窥视数学世界的道具。

大家动动手，使用这个道具，让书本中的图形和公式呈现出立体具象化的样态。孩子们营造脑海中数学世界的第一步，可能就在此处了。

■问题具象化助力"理论性直觉"

我们看到一些数学特别厉害的小学生，他们对于初中难度的一部分应用题也能驾轻就熟。其中的佼佼者，甚至不需要设 x 和 y 列方程，就能把题目解出来。归根结底，这些数学学霸已经把问题通过具象化的方式，在脑中进行了计算。也就是说，他们为了解决问题产生了与之相应的直觉感知。以直觉想出解题步骤，我个人把这种能力，称之为"理论性直觉"。

拥有理论性直觉的孩子，不需要死记硬背公式和解法。他们可以通过思考解题步骤、练习具象化问题等方式，提高自己的解题能力。

在本书中，严格精选了 50 道涉及各种类型的题目，它们将助力学生发掘具象化问题的能力。其中，也包含初中入学考试级别的问题，可能对于一些孩子来说难度过大。对于这类情况，我们建议别烦恼别纠结，直接翻看答案就可以了。跟随答案的解题思路，动动手折一折，让具象化感知的产生顺理成章，这样一来，理论性直觉也会得到培养。

■乐学善学，自然而然提升能力

想必大家都有过折纸的经历吧。以折纸为道具，触发孩子走上数学学习之路；以兴趣为装备，激发孩子踏上难题挑战之行。乐学激发善学，从而提升能力。

"享受数学的思考过程"——如果做到这一点，自然会有越来越多"我懂了！"的体验，数学也会变得越来越有意思。希望本书能为大家提供一个乐学善学的契机。

本书使用指南

1 首先在脑中思考

特别是小学高段的孩子，可以先在脑海中思考一下问题。如果觉得具象化问题没有思路的话，再在纸上进行操作。

2 以折纸为道具进行思考

思考完毕之后，就根据题目指示，拿出纸来动动手折一折吧。值得注意的是，折纸用纸建议尽可能选择大一些的纸。在本书卷末也附有折纸用纸，供大家使用。

对于小学低段的孩子来说，可能会在书本上遇到课堂中还没接触过的专业词汇或解题思路。这时候，请家长将问题的内容进行简要地解说。假设学生还没有掌握"面积"的概念，那么家长可以简单地介绍："面积就是图形的大小。"让低年级的孩子先有一个初步印象，接着就可以继续进行题目的思考了。

在实际的折纸过程中，我们可能会遇到折错的情况。不要怕，每一次错误都是前行的试炼石。因此，学生不必着急忙慌给出答案，家长也不用轻易给出答案。不要在意花费了多少时间，自己找到答案，才是培养思维能力、增强自信心之道。

3 没有思路请看答案

我们提倡孩子自行寻找答案，但不可否认，本书中也有难度超过孩子自身能力的问题，不能要求他们都解答出来。我们一直强调，本书的学习主旨是"乐学善学"，如果因为解题失败而厌烦数学那就得不偿失了。因此，如果实在没有思路的话，请别纠结，直接翻看答案吧。

4 按照解析来折纸

　　下面是最重要的一步：按照答案解析，用纸折一折吧。活动自己的双手，在纸上折叠出各种形状。将解析内容与折纸实物进行比较、确认，这样的体验有助于提高孩子的问题具象化能力，使孩子产生质的飞跃。

5 注意折纸的折痕

　　将折好的折纸展开，会发现上面的一道道折痕。不要小瞧这些折痕，它们可是解决图形问题不可或缺的"辅助线"。请大家观察各种各样形状折纸的折痕，看看能发现什么辅助线的奥秘吧。

　　比如，在折纸的对折折痕中，我们会学到与轴对称相关的知识点。通过折纸切实感受这样的概念：把一个图形沿着某一条直线折叠，直线两旁的部分能够互相重合，这个图形就叫做轴对称图形。

问题难度示意

在本书中，用千纸鹤表示各个问题的难度。

🕊🕊🕊🕊	初级难度
🕊🕊🕊🕊	中级难度
🕊🕊🕊🕊	高级难度
🕊🕊🕊🕊	学霸级难度

创造各种
组合图形

对纸张进行折叠，可以组合出正方形、长方形、平行四边形、梯形等各种各样的图形。正方形、长方形等名词和性质，可能在小学二年级以后学生才会接触。但对于小学低段孩子来说，就算没有完整理解定义，但如果只是把形状和名称联系起来，是完全没有难度的。把握图形的特征，能够判断出"这个图形是平行四边形"，就已经足够了。

本书中的题目都附有图片说明，我们也希望以这种方式，让孩子更加纯粹、更加直接地进行数学的感知，去接触各种名词。在实际的折纸操作中，自然而然地加深对图形的理解。

比如，在答案解析中，孩子会遇到对于一些图形，即使形状改变，面积（大小）依旧不变的情况。当他们培养了这样的直觉力，解决图形问题的基本能力也就水到渠成了。

本章涉及的数学概念　（ ）内为参考使用年级

- 三角形、四边形（小学 4 年级~）　● 平行四边形、梯形（小学 4 年级~）
- 正方形、长方形（小学 3 年级~）　● 面积的大小（小学 3 年级~）

首先，将 2 张折纸用纸都进行对折。

接着，将对折好的纸进行组合，使之成为最初折纸用纸的形状。

我们可以先采用折法①中的方式进行折叠。完成后，大家还可以再想想其他的折法。

①沿着虚线进行对边折，折出 2 个四边形，再进行组合。

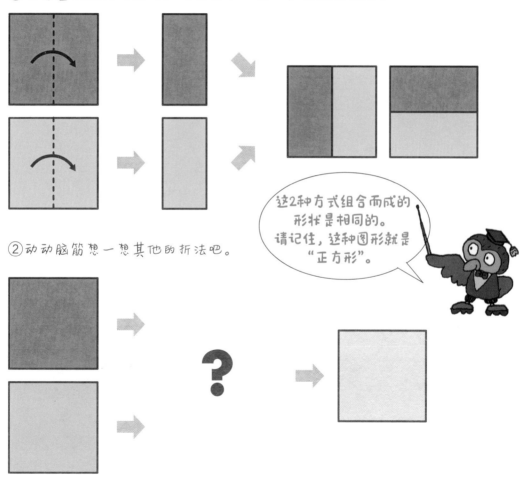

这2种方式组合而成的形状是相同的。请记住，这种图形就是"正方形"。

②动动脑筋想一想其他的折法吧。

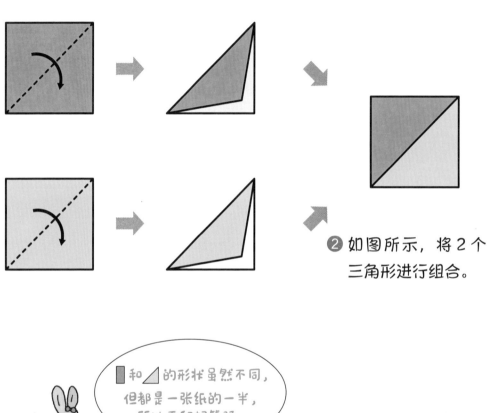

❶沿着虚线进行对角折，折出 2 个三角形。

❷ 如图所示，将 2 个三角形进行组合。

■ 和 ◿ 的形状虽然不同，但都是一张纸的一半，所以面积相等呀。

人们常说的"面积"就是平面的大小呗。

将 2 张折纸用纸都进行对折，然后组合成三角形吧。

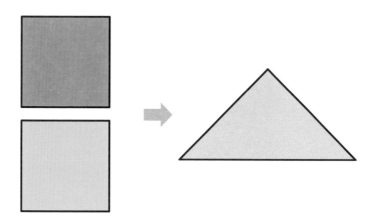

怎样折才能组合成三角形呢?

问题 2 答案与解析

❶沿着虚线进行对角折，折出 2 个三角形。

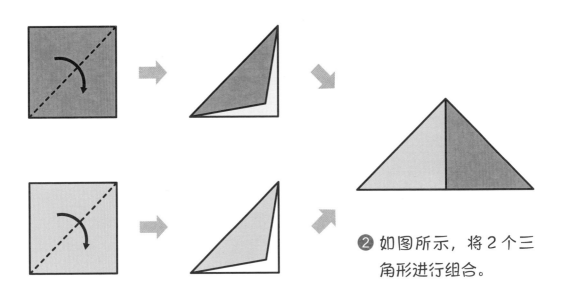

❷ 如图所示，将 2 个三角形进行组合。

组合而成的三角形
与最初的一张折纸
用纸的形状不同，
但面积相等哦。

将 2 张折纸用纸都进行对折，然后组合成下图所示的图形吧。

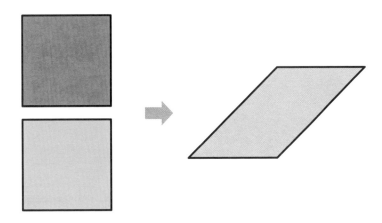

这种图形叫做"平行四边形"。

❶沿着虚线进行对角折，折出 2 个三角形。

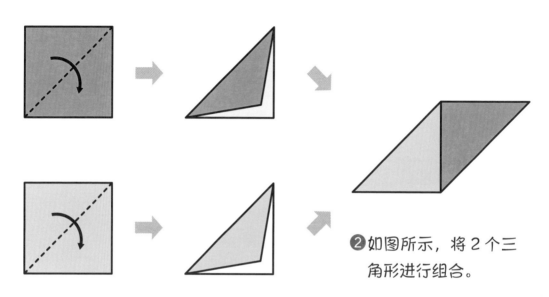

❷如图所示，将 2 个三角形进行组合。

各个形状虽然不同，但大家的面积都是相等的哦。

将 3 张折纸用纸都进行对折，然后组合成问题 2 那样的三角形吧。
每张纸的折叠次数为 1 次到 2 次。

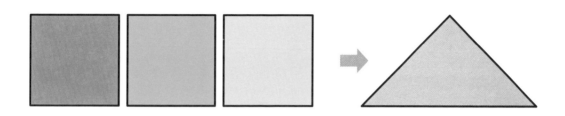

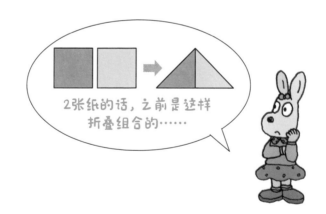

2张纸的话，之前是这样
折叠组合的……

❶首先，拿出 1 张纸沿着虚线进行对角折，折出 1 个大三角形。

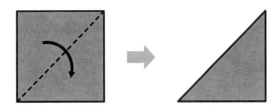

❷然后，拿出剩下的 2 张纸都进行 2 次对角折，折出 2 个小三角形。

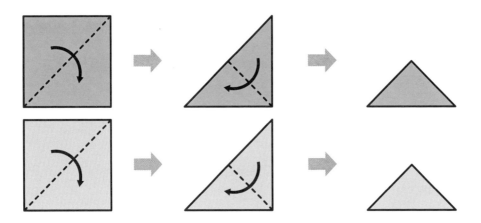

❸如图所示，将 3 个三角形进行组合。

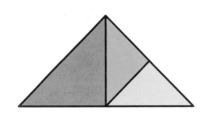

这也是正确答案！

使用问题 4 折出的 3 个三角形，组合成下图所示的图形吧。

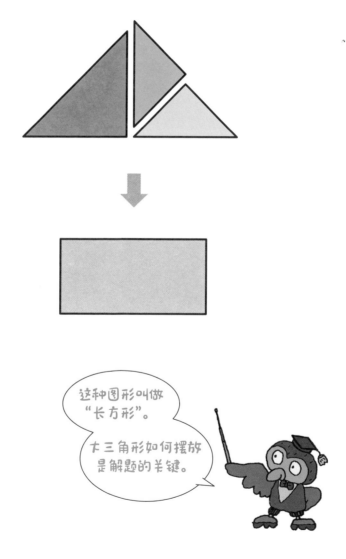

这种图形叫做"长方形"。

大三角形如何摆放是解题的关键。

如下图所示，将 3 个三角形进行组合。

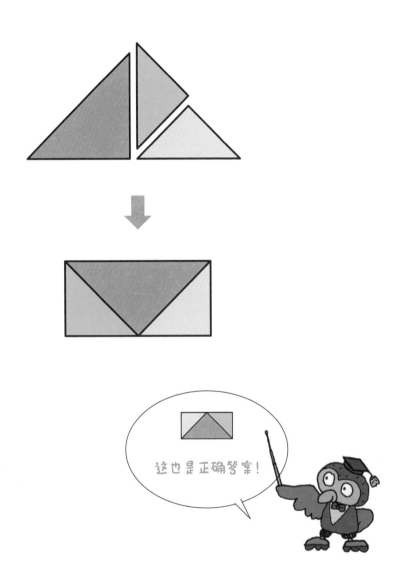

这也是正确答案！

使用 3 张折纸用纸，折叠组合使之成为最初的形状吧。

①三角形的组合。②长方形和正方形的组合。

请想出 2 种组合方式。

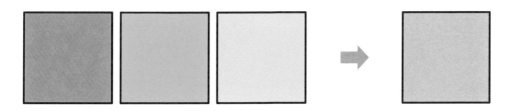

每张纸的折叠次数为1次到2次。

①折出问题 4 中的 3 个三角形，如下图所示进行组合。

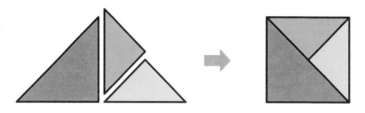

②如下图所示，折出 1 个长方形和 2 个正方形，然后进行组合。

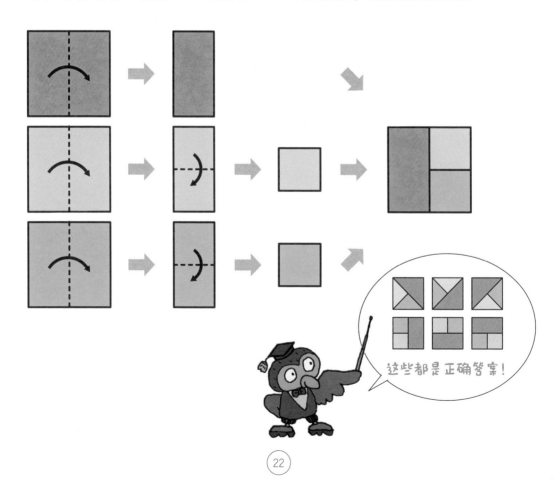

这些都是正确答案！

使用问题6中的3个三角形，进行组合。

请组合出2种图形：如图①所示的图形；如图②所示的图形。

如下图所示，将 3 个三角形进行组合。

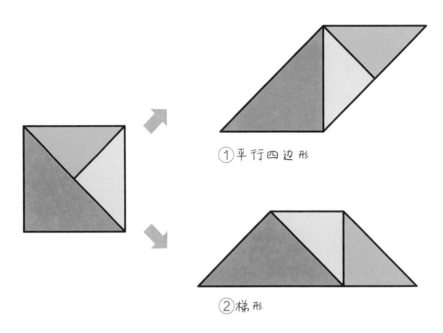

① 平行四边形

② 梯形

形状虽然不同，大家的面积都是相等的。

只有一组对边平行的四边形叫做梯形，两组对边分别平行的四边形叫做平行四边形。

这也是正确答案！

将 4 张折纸用纸进行折叠，折出如 ⑤ 中所示的四边形。

再将 4 个四边形进行组合，使之成为折纸用纸最初的形状。

 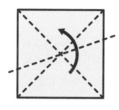 

❶ 将 4 张折纸用纸重叠在
   一起，如虚线所示进行
   对角折。在两条对角线
   的交点上，做一个记号。

❷ 穿过交点再作虚线，将重叠在一起的 4
   张纸沿着虚线对折。

❸ 将每张纸分开，都进行
   对折。

❹ 将凸出来的 1 个三角形向内翻折。

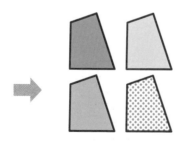 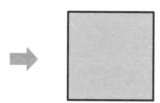

❺ 重复以上步骤，折出 4
   个相同的四边形。

❻ 将 4 个四边形进行组
   合，使之成为正方形。

这道题考验大家的细心和耐心，4个四边形的形状若是不同，就组合不出正方形了。

将四边形一边转动一边组合。

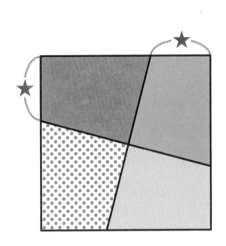

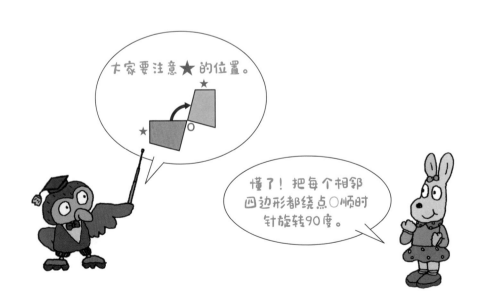

大家要注意★的位置。

懂了！把每个相邻四边形都绕点○顺时针旋转90度。

使用问题8的4个四边形，组合出如下图所示的图形。

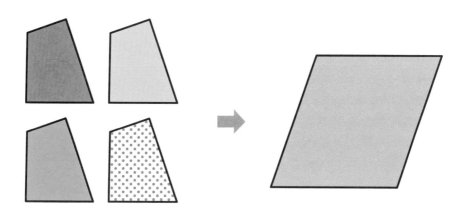

这是"平行四边形"。

不需要翻转四边形就可以组合出来哦。

如下图所示，先将四边形两两组合成相同的图形，再进行转动和组合。

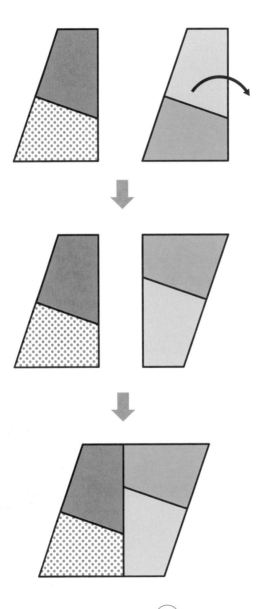

以折纸为道具，可以让孩子切实感知图形的面积。在小学的教学中，学生通常在 3 年级才接触面积公式。不过，如果只是让低段学生了解到"面积是图形的大小"这一简单的概念，是完全没有压力的。

以折纸为工具，指向数学乐学善学。重要的是让学生在每一次的折叠中，领悟到折纸与面积变化的联系和规律。比如，在问题 12 中，我们会知道 1 张折纸用纸进行横向对折和纵向对折后，面积是最初的 $\frac{1}{4}$，边长是最初的 $\frac{1}{2}$。了解到这一变化，对今后的面积比学习将有很大的作用。又比如问题 14，就是一道等积变形（在面积不变的前提下变化形状）的初级问题。

在问题 16~19 中，我们还将进行折纸面积的计算。在本章中，我们假设问题 16 的小正方形的面积为 1，也就是说，假设边长为四等分长度的小正方形的面积是 1，然后进行计算。为什么不使用小学生熟悉的平方厘米这一面积单位呢？这里先卖个关子，直觉感知的培养有助于之后"具象化后进行计算"章节的学习，该章节聚焦的是分数问题。这些初看颇有难度的问题，最需要的是大家沉下心来、动手思考。只要动起手来折一折，让具象化感知在脑中形成，正确理解题目，就算是低段学生也能解答出来。

本章涉及的数学概念　（）内为参考使用年级

● 正方形、长方形、三角形（小学 4 年级~）● 面积的大小（小学 3 年级~）
● 平行四边形、梯形（小学 4 年级~）● 分数的基础（等分）（小学 5 年级~）

将1张折纸用纸折叠2次，使之成为面积是最初的一半的长方形。

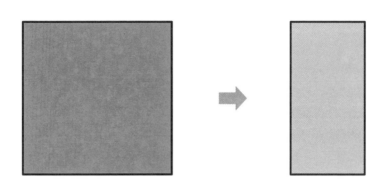

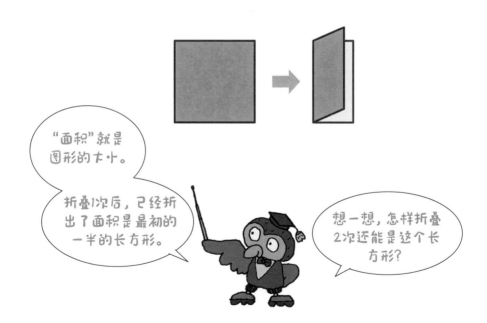

"面积"就是图形的大小。

折叠1次后，已经折出了面积是最初的一半的长方形。

想一想，怎样折叠2次还能是这个长方形？

❶沿着虚线，将纸的一边向里翻折。折叠的
位置随意。

❷将纸的另一边也向里翻折，并与❶的边重合。

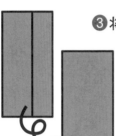

❸将纸翻转过来，这就是所要折的长方形。

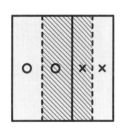

将折好的长方形展开，
○和×部分的面积是
两两相等的。

因此，折出的长方形的面
积是最初折纸用纸的一半。

将折纸用纸进行折叠，使之成为面积是最初的一半的平行四边形（长方形除外）。

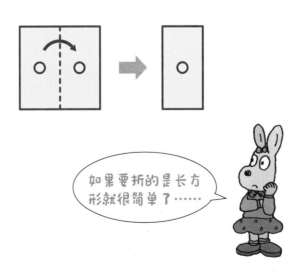

如果要折的是长方形就很简单了……

答案与解析

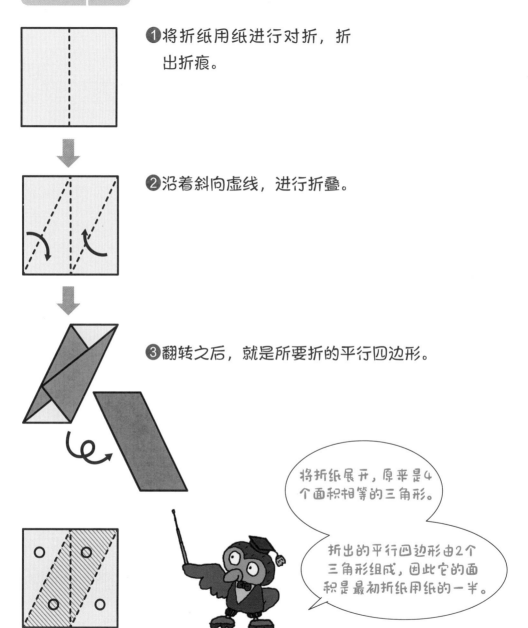

❶将折纸用纸进行对折，折出折痕。

❷沿着斜向虚线，进行折叠。

❸翻转之后，就是所要折的平行四边形。

将折纸展开，原来是4个面积相等的三角形。

折出的平行四边形由2个三角形组成，因此它的面积是最初折纸用纸的一半。

将折纸用纸进行折叠，使之成为面积是最初的一半的正方形。

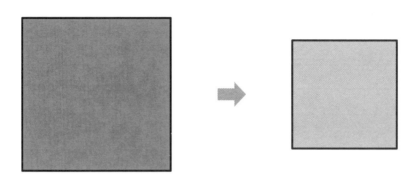

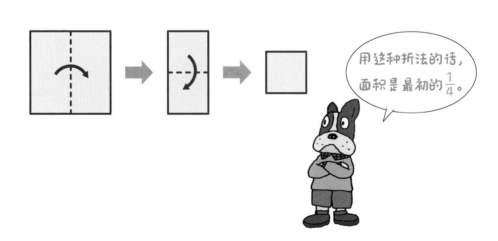

用这种折法的话，面积是最初的 $\frac{1}{4}$。

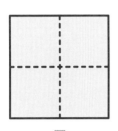

❶进行横向对折和纵向对折，折出折痕。

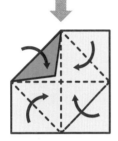

❷把四个角向中心折叠。

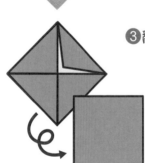

❸翻转之后，就是所要折的正方形。

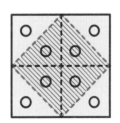

将折纸展开，就是8个面积相等的三角形。

中间的正方形由4个三角形组成，因此它的面积是最初折纸用纸的一半。

将折纸用纸进行折叠，使之成为面积是最初的一半的梯形。

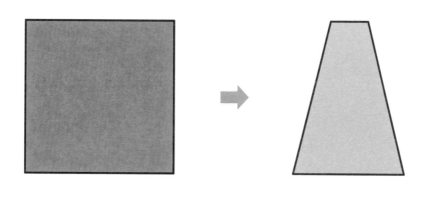

以下的折法可以给你一些提示。

纵向对折2次，再展开。

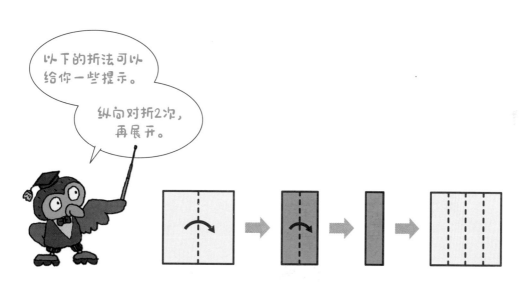

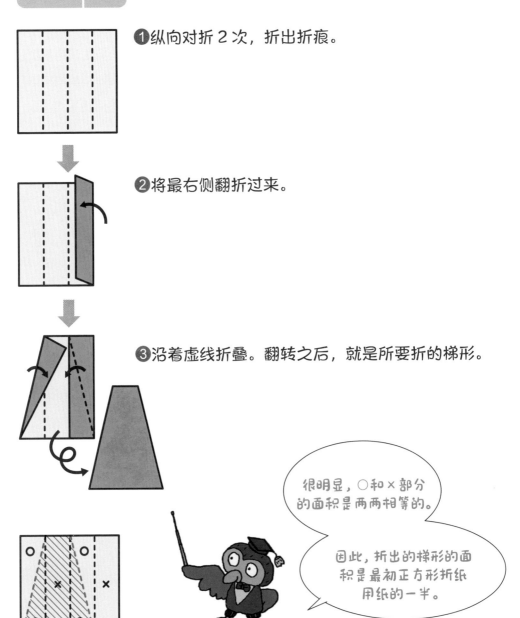

❶纵向对折 2 次，折出折痕。

❷将最右侧翻折过来。

❸沿着虚线折叠。翻转之后，就是所要折的梯形。

很明显，○和×部分的面积是两两相等的。

因此，折出的梯形的面积是最初正方形折纸用纸的一半。

如下图所示，折纸用纸上的 3 点组成了三角形。

请问三角形 ABC 和三角形 DEF 的面积哪一个大？

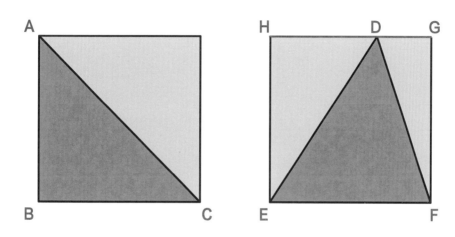

D 为 GH 上任意一点。

比一比两个三角形和最初折纸用纸的面积吧。

解析

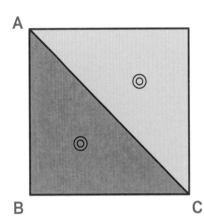

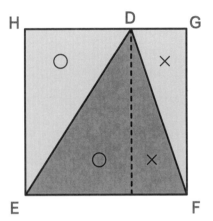

三角形 ABC 的面积是最初折纸用纸的一半。

在点 D 作纵向对折，折出折痕。可以看出，○ 和 × 是面积分别两两相等的三角形。因此，三角形 DEF 的面积是最初折纸用纸的一半。

> 从这道折纸问题，我们可以知道：即使形状不同，当底边和高相等的时候，三角形的面积相等。

将折纸用纸进行折叠，使之成为面积是最初的一半的正方形。

继续折叠，使正方形的面积缩小一半。

最初纸的边长 ⓐ 是折出的正方形边长 ⓑ 的多少倍？

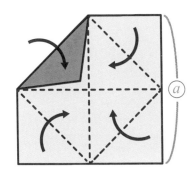

❶ 进行折叠，使之成为面积是最初的一半的正方形。

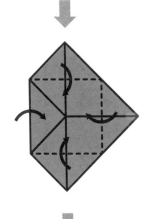

❷ 再折 1 次，使正方形的面积继续缩小一半。

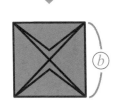

解题的关键点在折痕，仔细观察观察吧。

解析

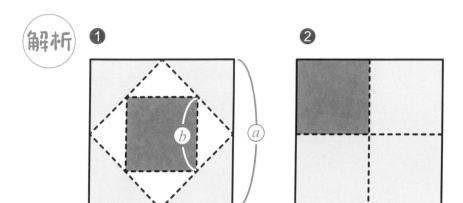

将折纸展开，折痕如图❶所示。再拿出一张纸，如图❷所示进行折叠。比较之下可以看出，■ 部分的形状大小完全相同。

如左图所示，将折纸用纸进行十六等分后，这道折纸题目就能迎刃而解。

边长ⓐ等于4个小正方形的边长长度，边长ⓑ等于2个小正方形的边长长度。因此，边长ⓐ是边长ⓑ的2倍。

将折纸用纸进行折叠，使之成为面积是最初的一半的正方形。

假设最初的折纸用纸面积为16，一共要折叠多少次，才能折出面积是1的正方形？

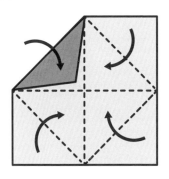

❶进行折叠，使之成为面积是最初的一半的正方形。（第1次）

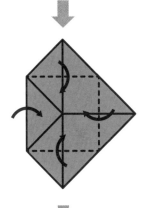

❷继续折叠，使正方形的面积继续缩小一半。（第2次）

一半的一半的一半……糟了？我有点糊涂了。

问题 **16** 答案 [4次]

解析 每次面积缩小一半后的变化。
第1次　16÷2=8
第2次　8÷2=4
第3次　4÷2=2
第4次　2÷2=1

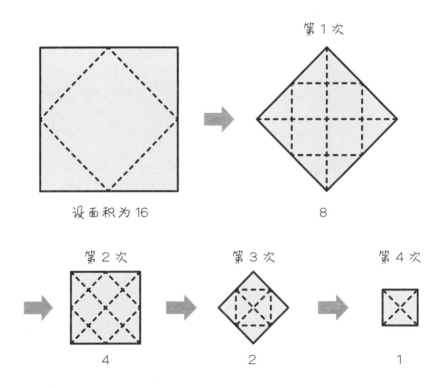

设面积为16

第1次
8

第2次
4

第3次
2

第4次
1

如下图所示，将折纸用纸按照一定比例进行折叠，使之成为小正方形。假设最初的折纸用纸面积为16，折出的小正方形面积是多少？

❶ 在每条边3比1的位置做记号，往里折叠。

❷ 翻转之后，就是折出的小正方形。

这道题有一些难度哦。

需要折出正方形十六等分的折痕。

解析 首先，折出正方形十六等分的折痕。可以看出，这个小正方形是由三角形 ADH、三角形 DGC、三角形 CFB、三角形 ABE 和 1 个正方形 EFGH 组成的。

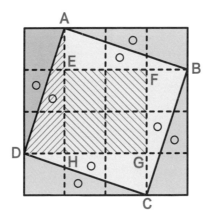

已知最初的折纸用纸面积为 16，那么十六等分后每格正方形的面积为 1。

三角形 ADH 的面积为 3 格正方形的一半，也就是 1.5。

正方形 EFGH 的面积为 4 格正方形，也就是 4。

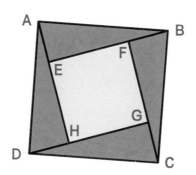

小正方形的面积 = 三角形 ADH 的面积 ×4 + 正方形 EFGH 的面积，即

$1.5 \times 4 + 4 = 10$。

如下图所示，可以折叠出一个房子形图案。

假设最初的折纸用纸面积为16，房子形图案的面积是多少？

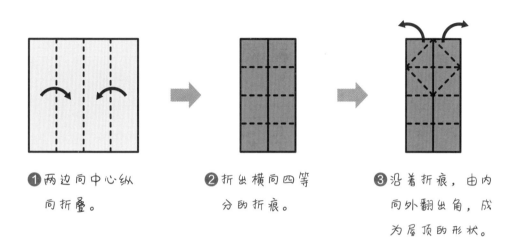

❶ 两边向中心纵向折叠。

❷ 折出横向四等分的折痕。

❸ 沿着折痕，由内向外翻出角，成为屋顶的形状。

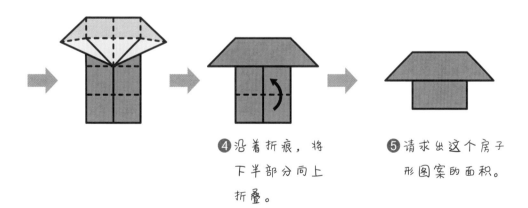

❹ 沿着折痕，将下半部分向上折叠。

❺ 请求出这个房子形图案的面积。

解析 首先，折出正方形十六等分的折痕。如下图所示，房子形图案的面积是 5 格正方形。

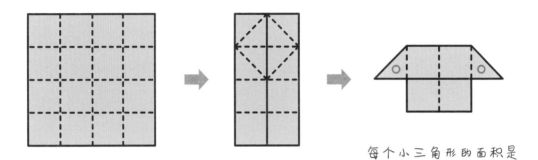

每个小三角形的面积是
每格正方形的一半。

如下图所示，可以折叠出锯齿图形。

假设最初的折纸用纸面积为16，锯齿图形正面有颜色的部分的面积是多少？

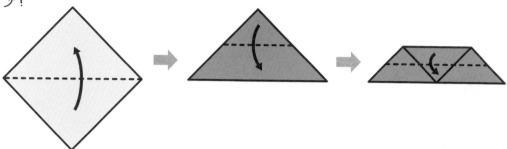

① 进行对角折。

② 继续进行两次对折，折出折痕。

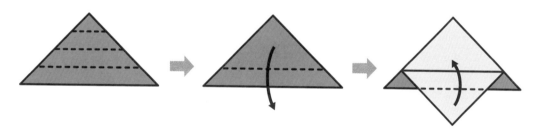

③ 如图所示，将靠近自己一边的纸向下翻折。

④ 继续向上翻折。

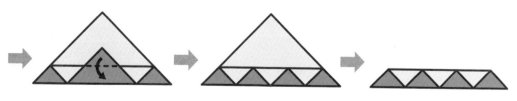

⑤ 再次向下翻折。

⑥ 背面也用同样的方法进行折叠。

⑦ 锯齿图形正面有颜色的部分的面积是多少？

解析

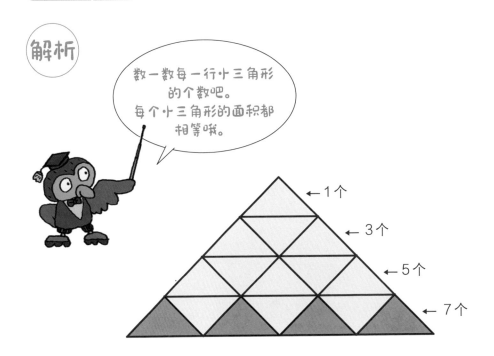

数一数每一行小三角形
的个数吧。
每个小三角形的面积都
相等哦。

如上图所示，这是每一行小三角形的个数。

因此，小三角形的总数是

1 + 3 + 5 + 7 = 16。

已知最初的折纸用纸面积为 16，

因此，对角折之后的三角形面积为 8。

已知小三角形的总数为 16，

即 8 ÷ 16 = 0.5。

因此，一个小三角形的面积为 0.5。

锯齿图形正面有颜色的小三角形是 4 个，

因此，锯齿图形正面有颜色的部分的面积为 0.5 × 4 = 2。

求重叠图形
的面积

致本章
读者

　　我们在折纸中，会遇到多张纸粘贴在一起的情况。在本章中，这一现象将会被引入题目，它也直接影响到面积的计算。在数学学习中，孩子需要具备对规律问题灵光一闪的反应能力。通过抓住反复出现的规律，可以提高直觉感知能力。

　　问题 20~22 作为本章内容的前置题目，请务必做到充分理解后，再进行接下来的学习。

　　在问题 23~25 中，解题关键是发现最后的纸张没有胶水粘贴的部分。反之，在问题 26 中，所有的纸张都有胶水粘贴的部分。我们希望通过循序渐进的题目，让学生主动发现其中的不同。即使不列出完整的算式，也没有关系，基于已经学过的知识，请家长相信孩子具备将问题消化、导出的能力。

本章涉及的数学概念　（ ）内为参考使用年级

- 面积的大小（小学 3 年级~）
- 发现规律性（小学 2 年级~）
- 乘法的应用（小学 2 年级~）

如下图所示，把2张大小相同的折纸用纸相叠。

那么，没有重合在一起的图形 ABCNFM 和图形 EHGNDM 部分的面积

哪一个大？

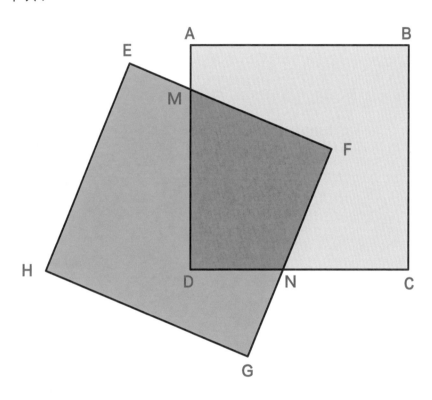

2 张纸重合的部分为图形 MFND，

图形 ABCNFM 的面积＝折纸用纸的面积－图形 MFND 的面积，

图形 EHGNDM 的面积＝折纸用纸的面积－图形 MFND 的面积，

因此，图形 ABCNFM 和图形 EHGNDM 的面积相等。

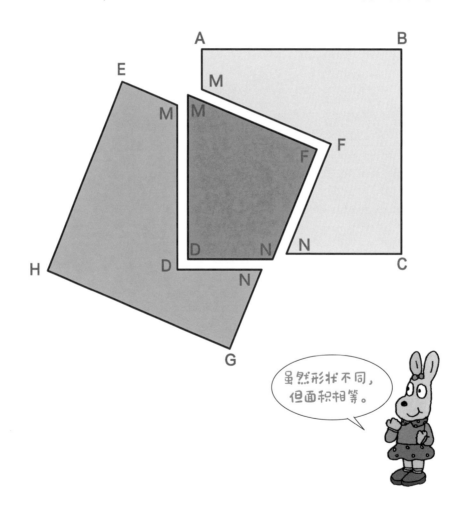

如下图所示，把 2 张大小相同的折纸用纸相叠。

假设每张纸的面积为 16，不重合部分即图形 ADGFE 的面积是多少？

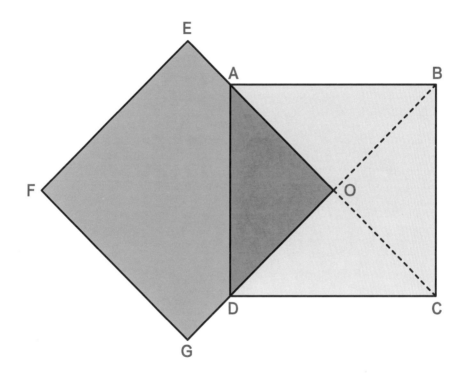

解析　重合部分即图形 AOD 的面积是折纸用纸的 $\frac{1}{4}$，
16 ÷ 4 = 4。

图形 ADGFE 的面积 = 折纸用纸的面积 − 图形 AOD 的面积，
16 − 4 = 12。

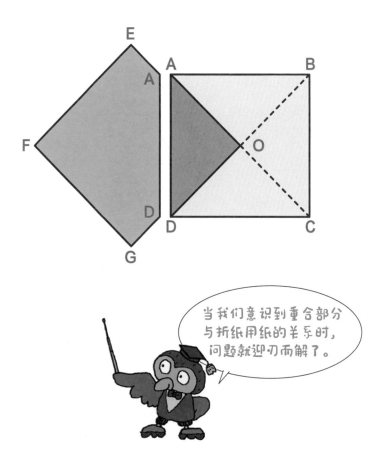

当我们意识到重合部分
与折纸用纸的关系时，
问题就迎刃而解了。

如下图所示，把 2 张大小相同的折纸用纸相叠，并慢慢转动。
请问三个图形中重合部分的面积相等吗？

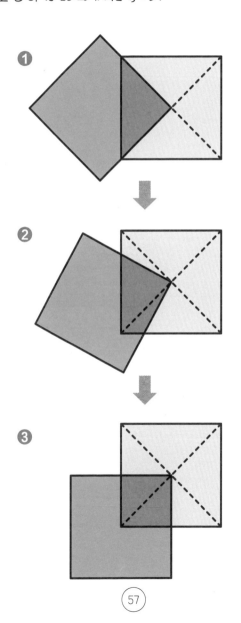

解析

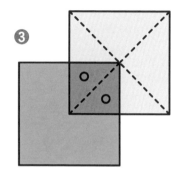

如上图所示，❶和❸的重合部分均为 2 个小三角形，它们的面积相等，因此重合部分的面积相等。

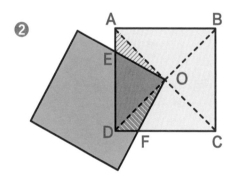

让我们把注意力放在三角形 AEO 和三角形 DFO 上。

由于纸张的转动，所以边 AE 和边 DF（底边）长度相等。

再加上三角形的高相等，因此，三角形 AEO 和三角形 DFO 的面积相等。

❷中重合部分的面积等于从❶的重合部分中减去三角形 AEO，再加上三角形 DFO，可得❶❷❸中的重合部分面积相等。

如下图所示，将折纸用纸折出四等分的折痕。将其中的1份，作为2张纸胶水粘贴的部分。

假设每张折纸用纸的面积是4，则

① 用胶水连接4张纸，面积一共是多少？

② 用胶水连接10张纸，胶水粘贴部分的面积一共是多少？

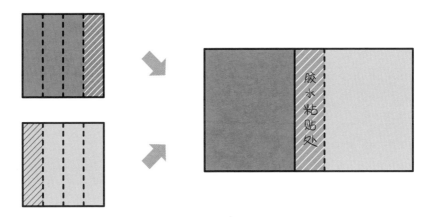

❶ 将2张纸进行粘贴，每张纸的胶水粘贴部分，都是折纸用纸的 $\frac{1}{4}$。

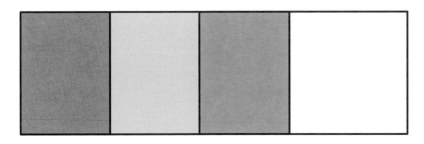

❷ 用同样的方法继续粘贴。

解析

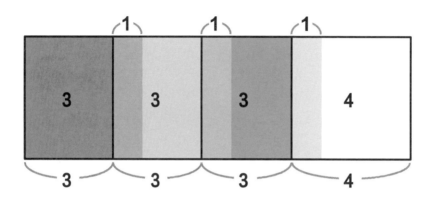

① 已知2张纸重合部分的面积为1，如上图所示，前三张纸露
　出部分的面积均为3。
　最后一张纸的面积是4，
　即3 + 3 + 3 + 4 = 13。
② 已知胶水粘贴部分的个数比纸张数量少1。
　因此用胶水连接10张纸的话，胶水粘贴部分的个数为
　10 − 1 = 9。
　每张纸的胶水粘贴部分的面积为1，则10张纸胶水粘贴部分
　的面积一共是
　1 × 9 = 9。

如下图所示，将若干张折纸用纸重叠粘贴在一起。

假设每张折纸用纸的面积是 4，则

① 用胶水连接 10 张纸，面积一共是多少？

② 用胶水连接 20 张纸，面积一共是多少？

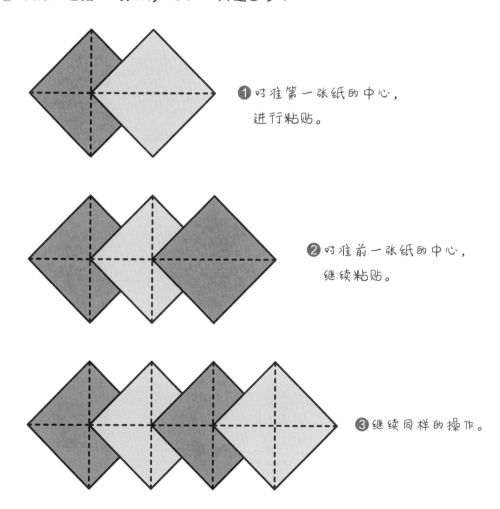

❶ 对准第一张纸的中心，进行粘贴。

❷ 对准前一张纸的中心，继续粘贴。

❸ 继续同样的操作。

问题 **24** 答案［①31　②61］

解析

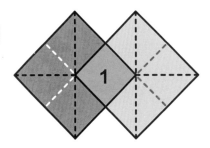

如上图所示，可知重合部分的面积为 1。

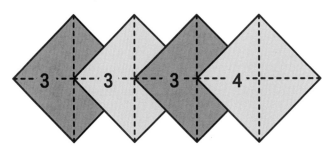

可以判断前几张纸露出部分的面积均为 3，最后一张纸的面积是 4。

因此，总面积 =3× 纸张数量＋ 1。

用胶水连接 10 张纸时，

面积为：3×10 ＋ 1 = 31。

用胶水连接 20 张纸时，

面积为：3×20 ＋ 1 = 61。

解题关键是要发现某一种规律。

如下图所示，将若干张折纸用纸重叠粘贴在一起。

假设每张折纸用纸的面积是 4，则

① 用胶水连接 10 张纸，面积一共是多少？

② 用胶水连接 20 张纸，面积一共是多少？

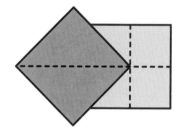

❶ 如左图所示，将两张纸粘在一起。

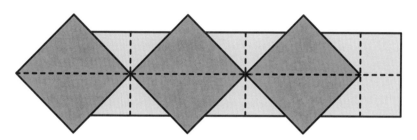

❷ 重复同样的操作，继续粘贴。

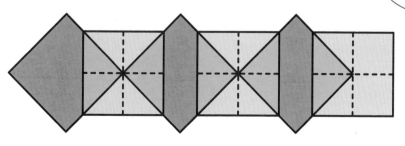

原来从背面看是这样的呀。

解析

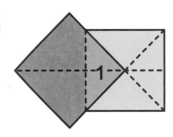 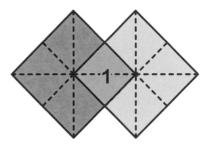

与问题 24 的图形进行比较。

可以发现重合部分的面积相等。

因此，用胶水连接 10 张纸时，

面积为：$3 \times 10 + 1 = 31$。

用胶水连接 20 张纸时，

面积为：$3 \times 20 + 1 = 61$。

虽然粘贴方式不同，但重合部分的面积相等。如果能够发现这一规律，解题就水到渠成了。

还不明白的同学，可以再仔细看一遍问题24的解析。

如下图所示，将若干张折纸用纸重叠粘贴在一起，重合部分的面积是纸张的 $\frac{1}{4}$，并绕成一个圈。

假设每张折纸用纸的面积是 4，总面积是多少？

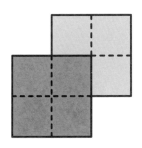

❶折出四等分的折痕后，将小正方形作为胶水粘贴部分。

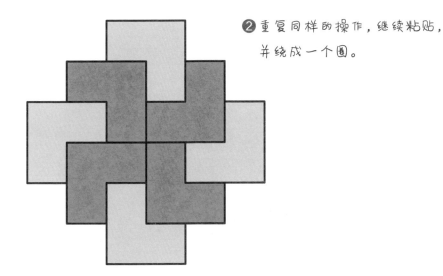

❷重复同样的操作，继续粘贴，并绕成一个圈。

解析 因为所有的折纸用纸都绕成了一个圈，也就可以知道，每张纸都会有胶水粘贴的部分。

因此，总面积 =3× 纸张数量，

即 3×8 = 24。

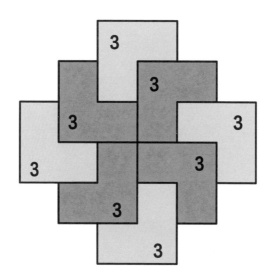

将纸张绕成圈和连成条的区别，你发现了吗？

绕成圈的情况下，每张纸呈现的样子都相同。

具象化后
进行计算

　　这章是基于"思考各种图形面积"内容的发展和深化。在本章中，学生将通过折纸的方式，以面积计算为媒介，产生乘法的具象化感知。即使没有学过求面积的公式，也不用担心。首先，我们会在问题 27 中，通过数一数小正方形的方法，详细介绍"长 × 宽"这一乘法面积公式。

　　其次，在问题 30 中，我们将通过 2×2、3×3 等乘法计算面积，同时感知两个相同的数相乘的具象化内容。同时，大家也要注意这就是正方形面积的求法。

　　最后，在问题 31~34 中，我们还将以面积计算为媒介，帮助学生形成分数乘法的具象化感知。特别是对于"分数 × 分数"的计算，这部分内容可以为不少孩子解惑：明明是乘法，为什么分数会越乘越小呢？通过折纸的学习，大家将体会到乘法的具象化。如果你还没有接触过分数乘法题目，那就通过折纸来挑战一下吧。

本章涉及的数学概念　　（　）内为参考使用年级

● 求正方形、长方形的面积（小学 3 年级~）
● 乘法的概念（小学 2 年级~）
● 分数的乘法（小学 6 年级~）

如下图所示，将折纸用纸各进行1次纵向、横向对折，展开后，可以折出4个正方形。

继续进行1次纵向、横向对折，展开后，可以折出多少个小正方形？

❶ 各进行1次纵向、横向对折。（第1次）

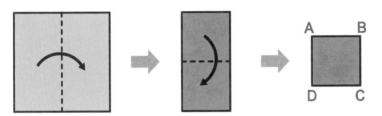

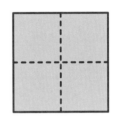

可以折出4个正方形。

❷ 将正方形 ABCD 继续进行1次纵向、横向对折。（第2次）

可以折出多少个和正方形 EFGH 面积相等的小正方形？

在脑中想象一下折痕的样子。

解析

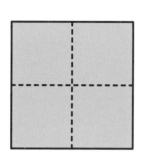

❶各进行 1 次纵向、横向对折后，正方形的个数是 2×2 = 4。(第 1 次)

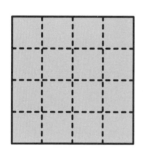

❷再进行 1 次纵向、横向对折后，小正方形的个数是 4×4 = 16。(第 2 次)

如果继续进行第3轮对折的话，横向一排、纵向一列的小正方形个数将是现在的2倍。总个数也就是
8×8=64。

如下图所示，继续尝试三角形的折叠。

① 对角折 1 次折出三角形 ABC，对角折 2 次折出三角形 BCO，三角形 ABC 的面积是三角形 BCO 面积的多少倍？

② 对角折 3 次折出三角形 BOD，三角形 ABC 的面积是三角形 BOD 面积的多少倍？

③ 对角折 4 次折出三角形 BDE，三角形 ABC 的面积是三角形 BDE 面积的多少倍？

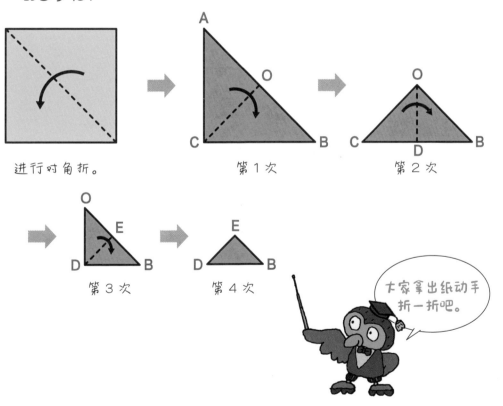

解析

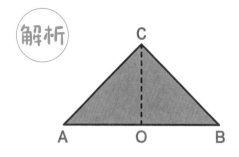

❶仔细观察折痕。三角形 ABC 的面积是三角形 BCO 面积的 2 倍。

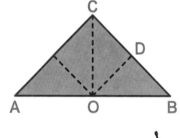

❷三角形 BOD 的面积是三角形 BCO 面积的一半，所以三角形 ABC 的面积是三角形 BOD 面积的 4 倍。

可以进行这样的猜想：2→4→8。

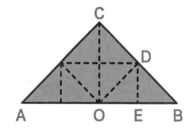

❸如左图所示，这就是对角折 4 次后的折痕。可以清楚地看出，三角形 ABC 的面积是三角形 BDE 面积的 8 倍。

拿出 2 张折纸用纸进行折叠，然后再来比一比大小。

首先，将其中一张纸各进行 2 次纵向、横向对折，展开观察折痕，一共可以折出 16 个正方形 ABCD。其次，将另一张纸各进行 3 次纵向、横向对折，一共可以折出 64 个正方形 EFGH。

那么问题来了，8 个正方形 ABCD 的面积之和与 24 个正方形 EFGH 的面积之和相比，哪一个大？

❶各进行 2 次纵向、横向对折。

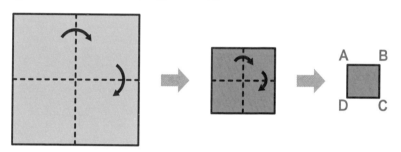

❷各进行 3 次纵向、横向对折。

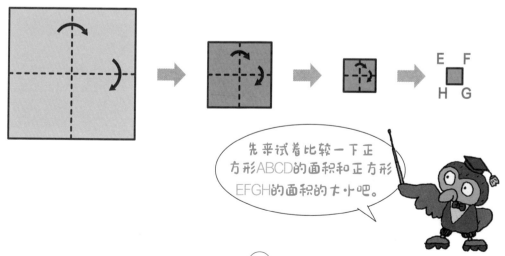

先来试着比较一下正方形ABCD的面积和正方形EFGH的面积的大小吧。

问题 **29** 答案 [8个正方形ABCD的面积之和大]

解析 如下图所示，正方形 ABCD 的面积是正方形 EFGH 面积的 4 倍，那么与 8 个正方形 ABCD 的面积之和相等的正方形 EFGH 的个数为：4 × 8 = 32。

32>24，因此，8 个正方形 ABCD 的面积之和比 24 个正方形 EFGH 的面积之和要大。

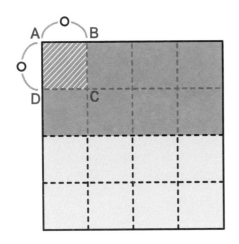 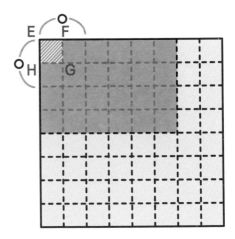

如下图所示，将折纸用纸进行折叠，折出十六等分的折痕。

通过这张纸，用乘法算式来描述图形的面积吧。

① □ × □的正方形的面积是4。

② □ × □的正方形的面积是9。

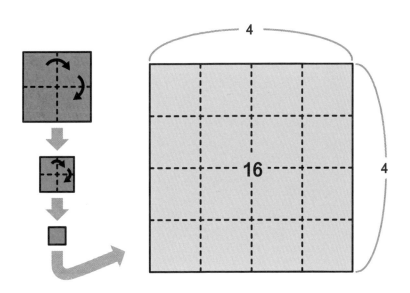

问题 30

答案 [① 2×2的正方形的面积是4]
[② 3×3的正方形的面积是9]

解析 在折纸用纸十六等分折痕之上，呈现出乘法算式具象化的样貌。

①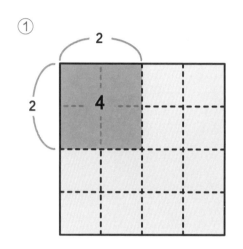

②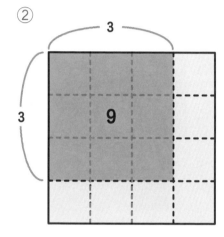

这就是可以用乘法来计算面积的道理。

假设折纸用纸的面积为 1，请用分数分别表示图形 ABCD 和图形 EFGH 的面积。

①图形 ABCD 是边长为 $\frac{\Box}{\Box}$、面积为 $\frac{\Box}{\Box}$ 的正方形。

②图形 EFGH 是边长为 $\frac{\Box}{\Box}$、面积为 $\frac{\Box}{\Box}$ 的正方形。

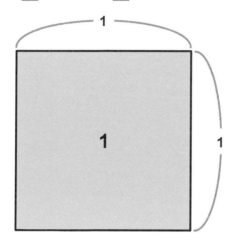

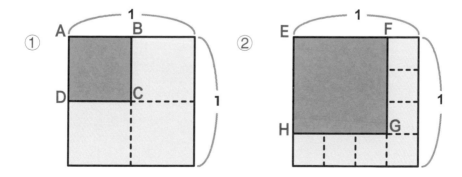

答案
① 图形ABCD是边长为 $\frac{1}{2}$ 、面积为 $\frac{1}{4}$ 的正方形
② 图形EFGH是边长为 $\frac{3}{4}$ 、面积为 $\frac{9}{16}$ 的正方形

解析

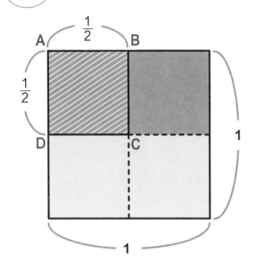 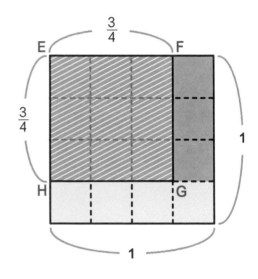

① 正方形 ABCD 边长是 1 的一半，即 $\frac{1}{2}$。将纸张面积四等分，正方形 ABCD 的面积占 1 份，即 $\frac{1}{4}$。

用算式可以表示为：

$\frac{1}{2} \times \frac{1}{2} = \frac{1 \times 1}{2 \times 2} = \frac{1}{4}$。

② 将纸张边长四等分，正方形 EFGH 的边长占 3 份，即 $\frac{3}{4}$。将纸张面积十六等分，正方形 EFGH 的面积占 9 份，即 $\frac{9}{16}$。用算式可以表示为：

$\frac{3}{4} \times \frac{3}{4} = \frac{3 \times 3}{4 \times 4} = \frac{9}{16}$。

假设折纸用纸的面积为 1，图形 ABCD 的面积可以表示为：$\frac{1}{2} \times \frac{1}{2} = \frac{1}{4}$。那么，请通过折纸来解答 $\frac{2}{3} \times \frac{3}{4}$ 这道算式吧。

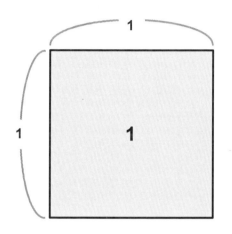

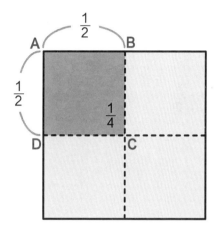

答案 [$\frac{1}{2}$]

解析 已知纸张边长为 1，$\frac{2}{3}$ 就是三等分中的 2 份，$\frac{3}{4}$ 就是四等分中的 3 份。如下图所示，折出折痕。

用 $\frac{2}{3} \times \frac{3}{4}$ 表示的图形为"纸张十二等分后由 6 个小四边形组成的四边形"，面积为 $\frac{1}{2}$。

因此，$\frac{2}{3} \times \frac{3}{4} = \frac{2 \times 3}{3 \times 4} = \frac{6}{12} = \frac{1}{2}$。

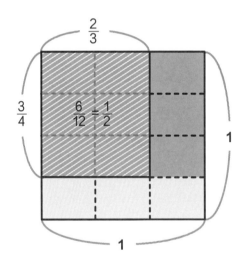

通过图形具象化的呈现，我们可以知道为什么分数与分数相乘就是分子与分子、分母与分母相乘。

如下图所示，将折纸用纸进行 2 次折叠，折出面积是最初面积的 $\frac{1}{3}$ 的长方形。

那么，如果想横向、纵向各折叠 1 次，就折出面积是最初面积的 $\frac{1}{3}$ 的长方形，应该怎么折？

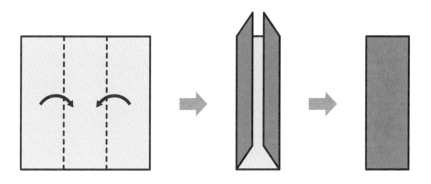

使用 $\frac{1}{2} \times \frac{2}{3} = \frac{1}{3}$ 这个算式，进行思考吧。

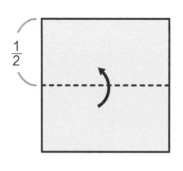

❶首先，在 $\frac{1}{2}$ 的位置进行横向折叠。

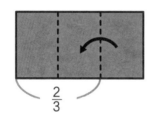

❷然后，在 $\frac{2}{3}$ 的位置进行纵向折叠，这就是所要折的长方形。

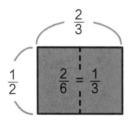

$\frac{1}{2} \times \frac{2}{3} = \frac{2}{6} = \frac{1}{3}$，

折出的长方形的面积

正好是最初面积的 $\frac{1}{3}$。

如下图所示，进行折叠。

假设折纸用纸的面积为1，图形 FGCD 的面积是多少？

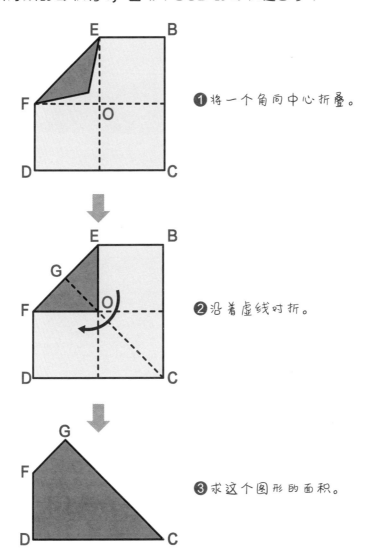

❶将一个角向中心折叠。

❷沿着虚线对折。

❸求这个图形的面积。

解析

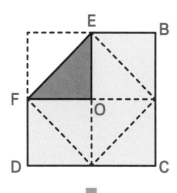

❶如左图所示，作出折痕。可以知道，折纸用纸一共由8个面积相等的三角形组成。将一个角向中心折叠后，图形 FEBCD 的面积是7个三角形，也就是$\frac{7}{8}$。

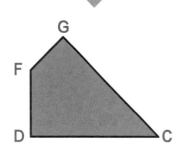

❷图形 FGCD 是图形 FEBCD 对折后得到的图形，因此图形 FGCD 面积为：

$$\frac{7}{8} \div 2 = \frac{7}{8} \times \frac{1}{2} = \frac{7}{16}。$$

折纸剪纸
然后展开

致本章
读者

　　在本章中，我们将会体验到折纸与剪纸结合的学习题目，相信连家长也会乐在其中。通过折纸剪纸，学生也将学习有关轴对称的知识。

　　在剪纸前，就预测到展开后的样子，这点对于家长都有一定难度，更别说是低年级的孩子了。因此在本章的学习中，我们更期待学生通过折一折、剪一剪的实际操作，独立探索出漂亮剪纸中蕴藏的规律。需要注意的是，孩子使用剪刀要小心。

　　在问题42、43中，随着3折、4折、5折等折法、剪法的变化，就会出现各种各样不同的漂亮剪纸。在问题的剪一剪中，虽然要求的都是剪直线，大家有空的话同样可以尝试剪曲线。花朵一样的剪纸作品，可以让人更能理解对称性的美。

本章涉及的数学概念　　（　）内为参考使用年级

● 发现规律性（小学1年级~）
● 正六边形（小学5年级~）
● 轴对称（小学4年级~）

如下图所示，将折纸用纸对角折 2 次，接着剪去三角形 ABC 部分。

在脑中想一想、猜一猜展开后的剪纸图案是怎样的？然后就开始操作吧。

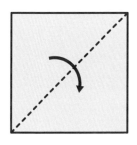

❶进行对角折。（第1次）

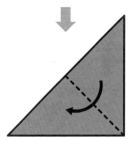

❷继续进行对角折。（第2次）

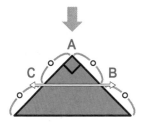

❸如左图所示，剪去三角形 ABC 部分。

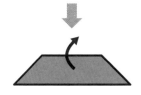

❹猜一猜展开后的剪纸图案是怎样的。

想一想剪纸展开后的样子吧。

△ 是被剪去的部分。

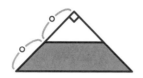

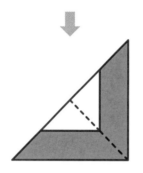

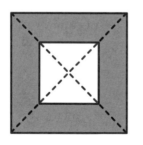

图案的中央是正方形，它是由4个被剪去的三角形组成的。

将问题 35 的三角形再进行 1 次对角折，然后同样剪去顶端的三角形部分。
猜一猜展开后的剪纸图案是怎样的？然后就开始操作吧。

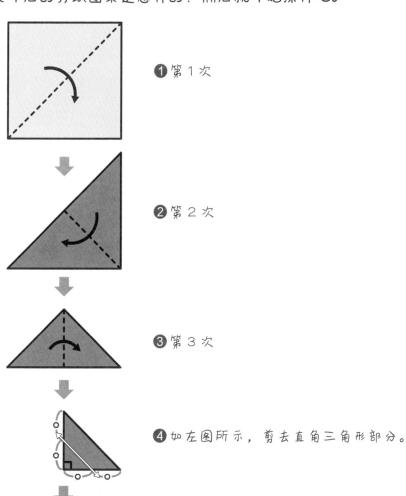

❶ 第 1 次

❷ 第 2 次

❸ 第 3 次

❹ 如左图所示，剪去直角三角形部分。

❺ 猜一猜展开后的剪纸图案是怎样的。

想一想剪纸展开后的样子吧。

△ 是被剪去的部分。

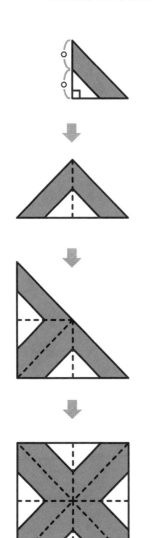

仔细观察被剪去的三角形，然后判断它的位置，我们就猜出剪纸的图案了。

求问题 35 中剪纸的面积。

假设折纸用纸的面积为 16。

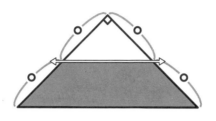

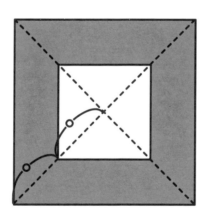

剪纸的面积是多少呢?

解析

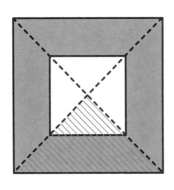

❶将剪纸分成 4 个三角形，然后进行思考。

已知纸的面积是 16，1 个三角形的面积是：$16 \div 4 = 4$。

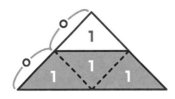

❷如左图所示，这个三角形可以继续分成 4 个小三角形。

△ 是剪掉的部分，它的面积是：$4 \div 4 = 1$。

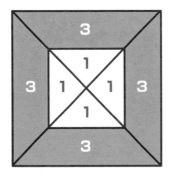

❸剪掉部分的总面积是：

$1 \times 4 = 4$。

因此，剪纸的面积是：

$16 - 4 = 12$。

求问题 36 中剪纸的面积。

假设折纸用纸的面积为 16。

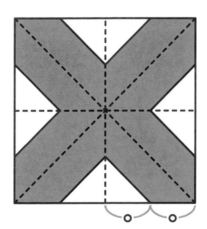

解析

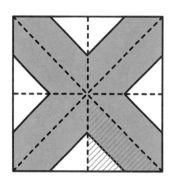

❶观察折痕，可以发现剪纸由 8 个相同的三角形组成。

已知纸的面积是 16，1 个三角形的面积是：

$16 ÷ 8 = 2$。

❷如左图所示，这个三角形可以继续分成 4 个小三角形。

剪掉的部分就是其中的 1 个小三角形，它的面积是：$2 ÷ 4 = 0.5$。

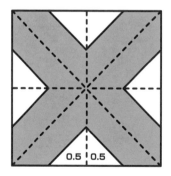

❸总共剪掉的部分是 8 个小三角形，面积是：$0.5 × 8 = 4$。

因此，剪纸的面积是：

$16 - 4 = 12$。

如下图所示，将折纸用纸进行折叠。

对角折4次后，剪去顶端的三角形部分。猜一猜展开后的剪纸图案是怎样的？然后开始操作吧。

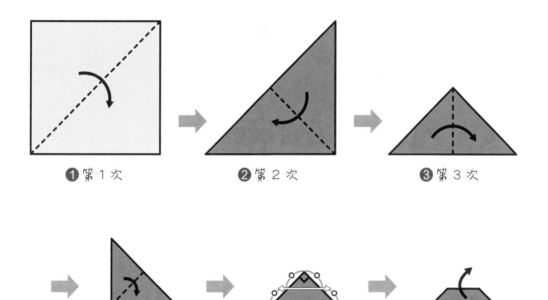

❶第1次　❷第2次　❸第3次

❹第4次　❺剪去直角三角形部分，展开。

将对角折 4 次后剪纸的图案与对角折 2 次后剪纸的图案（问题 35）作比较，可以发现对角折 4 次后的剪纸图案由 4 个对角折 2 次后的剪纸图案组合而成。

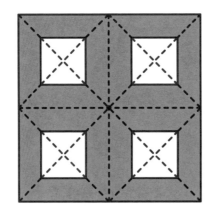

由同样的图案组合而成，好神奇！

将问题 39 的三角形再进行第 5 次对角折，同样剪去顶端的三角形部分。
猜一猜展开后的剪纸图案是怎样的？然后开始操作吧。

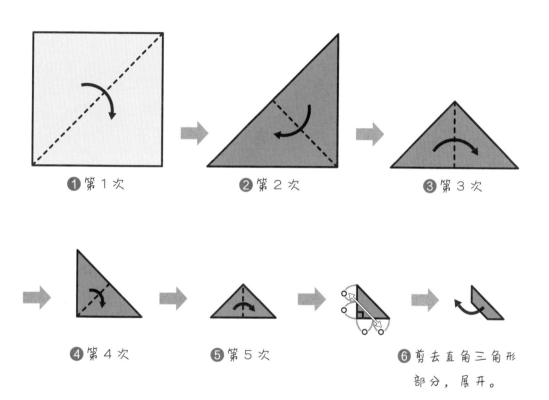

❶ 第 1 次　　　　❷ 第 2 次　　　　❸ 第 3 次

❹ 第 4 次　　　　❺ 第 5 次　　　　❻ 剪去直角三角形
　　　　　　　　　　　　　　　　　　　部分，展开。

如下图所示，这就是对角折 5 次后剪纸的图案。

将其与对角折 3 次后剪纸的图案（问题 36）作比较，

可以发现对角折 5 次后的剪纸图案由 4 个对角折 3 次后的剪纸图案组合而成。

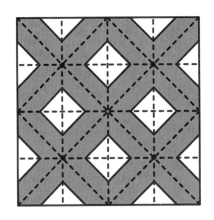

对角折6次、7次……后剪纸的图案，根据发现的规律你应该能猜出来了。

如下图所示，将折纸用纸进行对角折，然后再折成3叠。剪去若干部分后，猜一猜展开后的剪纸图案是怎样的？然后开始操作吧。

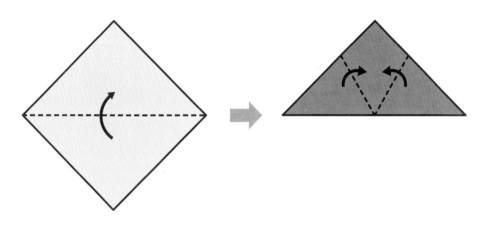

❶将折纸用纸进行对角折。

❷然后折成3叠。

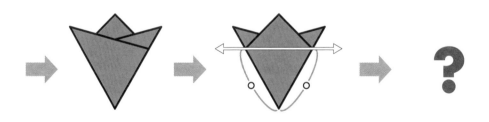

❸翻转过来，沿着角与角连接的直线剪去。

如下图所示，展开之后是一个正六边形。

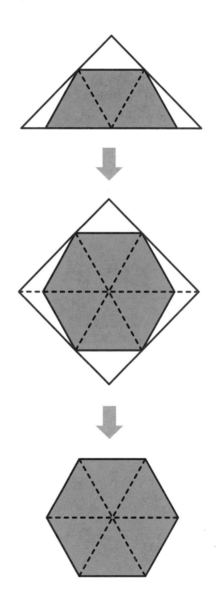

将折纸用纸进行对角折，然后两边都向中间对折，接着对角折叠。如下图所示，再剪去若干部分。

猜一猜展开后的剪纸图案是怎样的？然后开始操作吧。

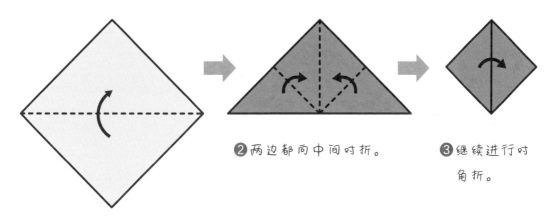

❷两边都向中间对折。

❸继续进行对角折。

❶将折纸用纸进行对角折。

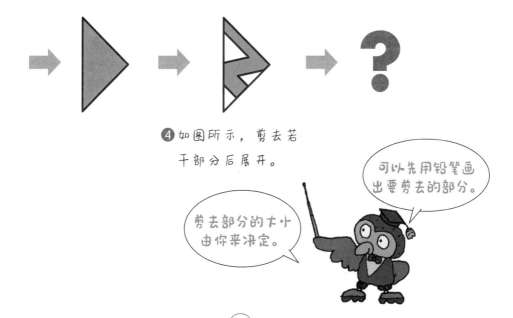

❹如图所示，剪去若干部分后展开。

可以先用铅笔画出要剪去的部分。

剪去部分的大小由你来决定。

一边展开剪纸，一边猜一
猜会出现怎样的图案。

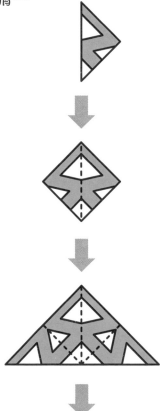

可以看出，是若干个
相同图案的组合。

沿着中间的红色直线折
叠，两旁的部分能够互
相重合。这个图形就是
"轴对称图形"。

现在难度升级，将折纸用纸进行对角折，然后再折成 5 叠。剪去若干部分后，猜一猜展开后的剪纸图案是怎样的？然后开始操作吧。

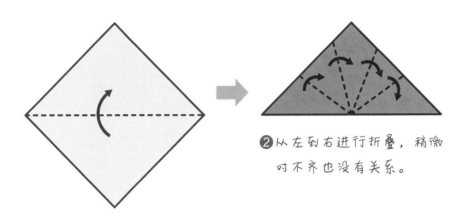

❷从左到右进行折叠，稍微对不齐也没有关系。

❶将折纸用纸进行对角折。

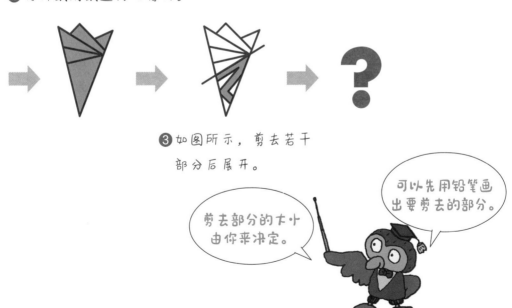

❸如图所示，剪去若干部分后展开。

剪去部分的大小由你来决定。

可以先用铅笔画出要剪去的部分。

一边展开剪纸，一边猜
一猜会出现怎样的图案。

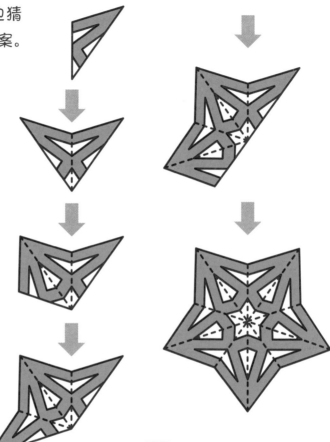

沿着中间的直线折叠，
左右两旁的部分能够
互相重合。

欢迎大家尝试更多的剪
法！能够创造出各种各
样的图案，好开心。

折出各种
三角形

在本章中，我们将使用折纸用纸折出等腰直角三角形和等边三角形。通过正方形，学生将更容易理解这两种三角形的性质。

与此同时，正方形对角折后的等腰直角三角形，以及等边三角形对折后的直角三角形，都是常见的两种三角尺的形状。我们经常会利用这些图形，进行角度的计算。因此，它们角的度数和各边长的关系，都是非常重要的知识点。

对于小学低段学生来说，本章内容可能会有一点点难。在计算相对比较简单的前提下，家长只需要提前教授一些简单的概念，孩子就可以顺利进行解题了。比如：角度可以描述角的大小，它决定于角的两条边张开的程度；90° 的角叫做直角；三角形的内角和是180° 。

本章涉及的数学概念　（ ）内为参考使用年级

● 角和直角（小学 2 年级～）
● 计算角的度数（小学 4 年级～）
● 等边三角形和直角三角形（小学 4 年级～）

将折纸用纸对角折，然后描述三角形的特征。

① 角 A 和角 B 的度数分别是多少？

② 哪两条边的长度相等？

已知折纸用纸是正方形，
4个角都是90°。

解析 ①正方形每个角都是直角（90°）。角 A 和角 B 都是直角的一半，即 90° ÷ 2 = 45°。

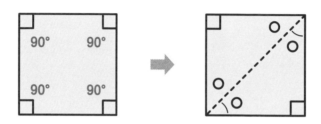

②正方形每条边相等，因此 AC 和 BC 的长度相等。

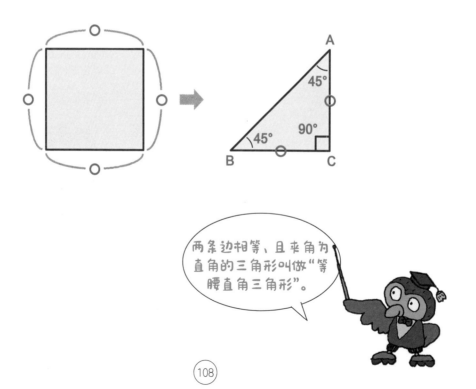

两条边相等、且夹角为直角的三角形叫做"等腰直角三角形"。

等边三角形是三条边都相等的三角形。

利用这一性质，在不使用尺子、圆规的情况下，试着折出等边三角形吧。

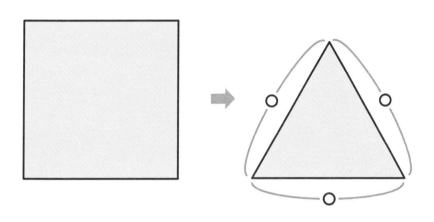

可以利用折纸用纸的一条边哦。

解析 等边三角形具有三条边都相等的性质。那就以正方形的边作为等边三角形的边，进行折叠。

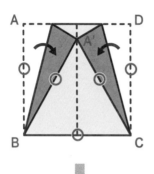

❶ 将顶点 A、D 折向中间的直线，可知 A'B = BC = CA'，可得三角形 A'BC 为等边三角形。

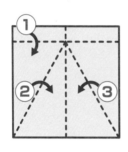

❷ 如左图所示，已作出折痕，按照①②③的顺序，将纸向内折叠。翻转之后，就是所要折的等边三角形。

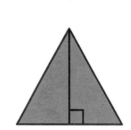

在等边三角形中作一条垂线，请记住形成的三角形的边长之间的关系。

我们经常使用的两种三角尺，分别是正方形一半和等边三角形一半的三角形。

使用折纸用纸，求出三角形各个角的度数吧。

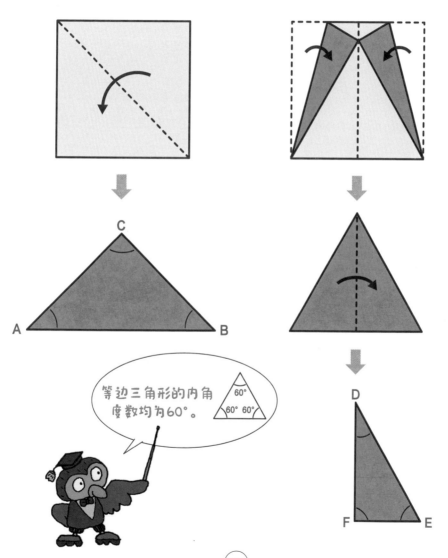

等边三角形的内角度数均为60°。

解析

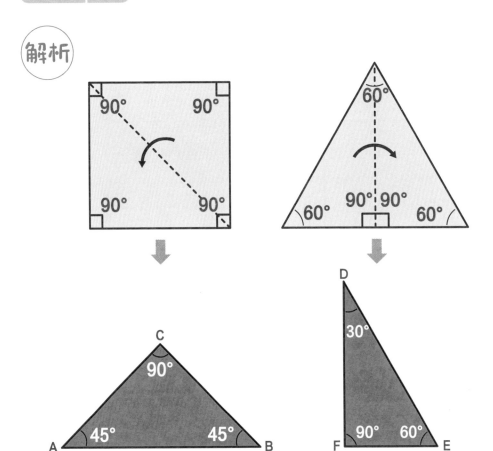

角 A 和角 B 的度数是 90° 的一半，因此都是 45°。

角 D 的度数是 60° 的一半，因此是 30°。角 F 的度数是 180° 的一半，因此是 90°。

拿出两张折纸用纸，如下图所示，分别折出面积为正方形 $\frac{1}{4}$ 的三角形 ABC 和面积为等边三角形一半的直角三角形 DEF。

将两个三角形叠在一起，角 CAG 和角 AGB 的度数各是多少？

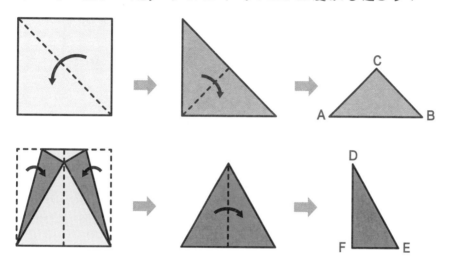

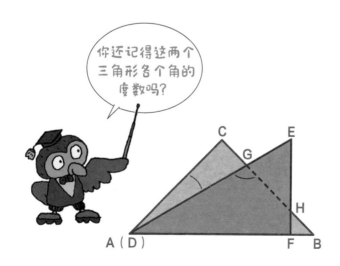

你还记得这两个三角形各个角的度数吗？

解析

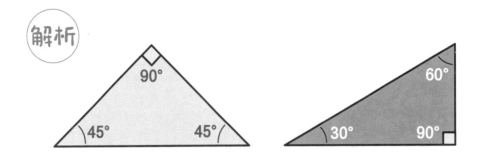

请记住，三角形的内角和是180°。

我们常用的三角尺，就是这两种三角形。

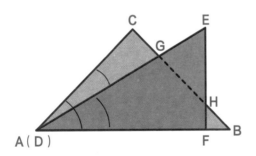

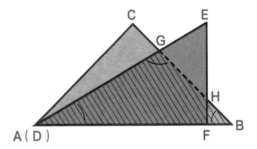

❶ 重叠在一起的两个角度数分别是30°和45°，因此角 CAG 的度数是：45° - 30° = 15°。

❷ 已知角 GAB 和角 GBA 的度数分别是30°和45°，因此角 AGB 的度数是：180° -（45° + 30°）= 105°。

如下图所示进行折叠，角 A'DE 的度数是多少？

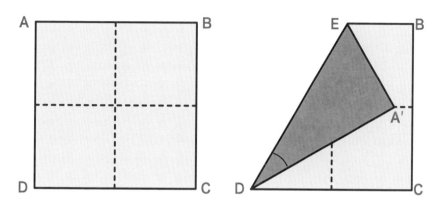

进行横向、纵向对折，折出折痕，将顶点 A 折向 A' 处。

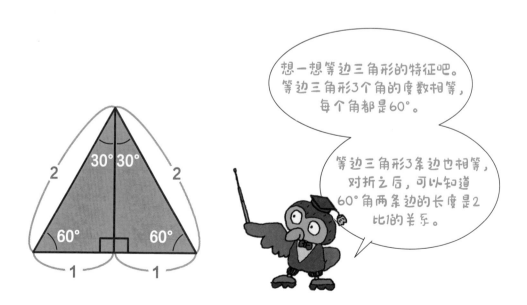

想一想等边三角形的特征吧。
等边三角形3个角的度数相等，
每个角都是60°。

等边三角形3条边也相等，
对折之后，可以知道
60°角两条边的长度是2
比1的关系。

解析

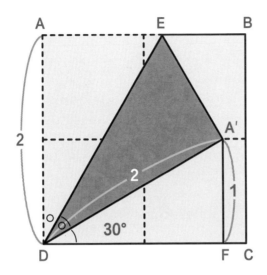

如上图所示，A'D 的长度等于正方形的边长，A'F 的长度
等于正方形边长的一半。

A'D 和 A'F 的长度是 2 比 1 的关系，角 A'FD 为 90°，可得，
三角形 A'FD 是一个一条直角边是斜边边长的一半的直角
三角形。因此，角 A'DF 的度数是 30°。

角 A'DE 的度数等于 90° 减去 30° 后的角的度数一半，即
（90° − 30°）÷ 2 = 30°。

问题 49

沿着问题 48 的思路，试着折出等边三角形吧。

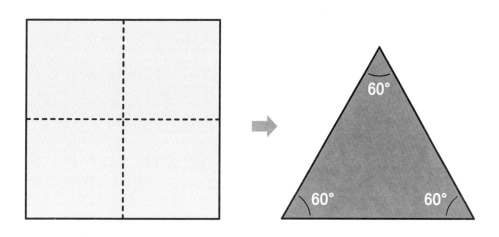

可以利用等边三角形的每个角都是60°的特征，进行思考。

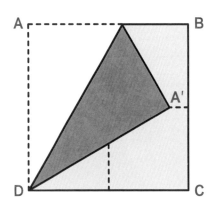

❶与问题 48 相同，将
顶点 A 折向 A' 处。

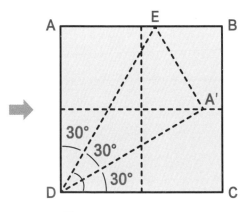

❷可知角 EDC 的度数
等于 60°。

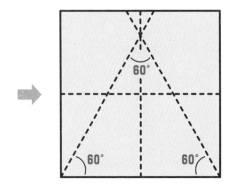

❸重复操作，在右侧也
折出折痕。

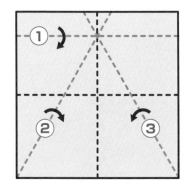

❹按照①②③的顺序，
将纸向内折叠。

使用问题 49 折好的等边三角形进行思考。

如下图所示，将图形分成两部分，指定边长是 2 比 1 的关系。图形 ADE 和图形 DEBC 的面积哪一个大？

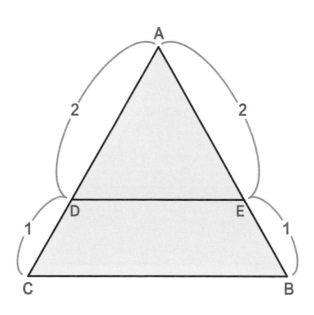

解析 将图形 ADE 和图形 DEBC 用小等边三角形表示出来。

图形 ADE 的面积等于 4 个小等边三角形的面积之和，图形 DEBC 的面积等于 5 个小等边三角形的面积之和。

因此可知，图形 DEBC 的面积更大。

再反复折一折第1行和第2行。

实际折一折，你就会马上明白了。

小等边三角形在第1行是1个，第2行是3个，第3行是5个。

仔细剪下来，就可以使
用这张折纸用纸了。

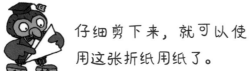

仔细剪下来，就可以使
用这张折纸用纸了。

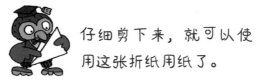

仔细剪下来，就可以使
用这张折纸用纸了。